COLONIE AGRICOLE DE BONNEVAL.

Assemblée générale du 28 août 1845.

COLONIE AGRICOLE DE BONNEVAL.

Première assemblée générale des Souscripteurs.

Procès-verbal de la séance du 28 *août* 1845.

L'an mil huit cent quarante-cinq, le jeudi vingt-huit août, heure de midi,

Les souscripteurs pour la fondation de la Colonie agricole de Bonneval, convoqués par lettre circulaire de M. le Préfet, se sont réunis en assemblée générale, dans la salle d'audience du tribunal de commerce de Chartres.

La réunion avait pour objet diverses communications de MM. les Directeurs, sur l'état actuel de la Colonie, et l'examen d'un projet de statuts à soumettre à l'approbation du Gouvernement, pour la constitution définitive de la société fondatrice de l'œuvre.

Sont présents :

M. le Baron DE JESSAINT, Préfet d'Eure-et-Loir;

M. l'abbé PIE, vicaire-général du diocèse, délégué par Mgr l'Evêque de Chartres;

MM. BARILLON, juge de paix d'Orgères, membre du Conseil général;

BELLIER DE LA CHAVIGNERIE, vice-président du Tribunal de première instance de Chartres;

BONNET (Louis), membre du Conseil général;

BONNET (Louis-Jacques), maire de Soulaires, membre du Conseil général;

PIERRE DE BORVILLE, prêtre habitué, à Chartres;

BOUCHER (Juste), de Bonneval;

BOY, notaire, membre du Conseil municipal de Chartres;

BOYEUX, propriétaire, à Chartres;

BUREAU, avocat, à Chartres;

MM. Busson, procureur du Roi, à Chartres;
Caillaux, docteur-médecin, à Bonneval;
Castel, membre du Conseil général;
Chartier-Rousseau, membre du Conseil municipal de Chartres;
Chasles père, membre du Conseil général;
Chasles (Adelphe), maire de Chartres, député, membre du Conseil général, l'un des directeurs provisoires de la Colonie;
Clichy, maire de Jauville;
Coubré-Fonteny, administrateur des hospices de Chartres;
Coubré de Saint-Loup (Charles), propriétaire, à Gourdez;
Courtois (Jules), juge-suppléant, à Chartres;
Cretté, inspecteur des écoles primaires;
Delaforge, juge de paix de Châteaudun, membre du Conseil général;
Demetz, directeur de la colonie agricole de Mettray, conseiller honoraire à la Cour royale de Paris;
Demonferrand, maire de Dreux, membre du Conseil général;
Duparc, notaire, à Chartres;
Durand (Auguste), adjoint au maire de Chartres;
Durand-Claye, membre du Conseil général;
Estienne de Tansonville, membre du Conseil général;
De Ferraudy, propriétaire à Paris;
Gendron-Beaulieu, receveur de l'enregistrement, à Chartres;
Genet, membre du Conseil général;
Gosme, notaire honoraire, demeurant à Chartres;
Goupil (Adrien), maire de Dampierre, membre du Conseil général;
Goupil (Amable), propriétaire, à Paris;
Grandet, conseiller à la Cour royale de Paris;
Guérinot-Montéage, membre du Conseil municipal de Chartres;
Guillaume de Bassoncourt, secrétaire-général de la Préfecture d'Eure-et-Loir;
Huerne, juge de paix de Thiron, membre du Conseil général;
Jousse, propriétaire, à Bonneval;
Jumeau, notaire, à Bonneval;
Labiche, juge-suppléant, à Rambouillet, membre du Conseil général;
Lefebvre-Dollemont, juge de paix, à Chartres;
Lenoir, receveur principal des contributions indirectes, à Chartres;

MM. Lenoir (Victor), architecte, à Paris;
Lequien, rédacteur du *Journal de Chartres;*
Letellier, adjoint au maire de Chartres;
Levassor-Seresville, vicaire de Saint-Pierre de Chartres;
Levassor-Prévoteau, membre du Conseil municipal de Chartres;
Louvancour, administrateur des hospices de Chartres, l'un des directeurs provisoires de la Colonie;
Maury, juge de paix de Bonneval;
Montéage-Boy, négociant, à Chartres;
Noel père, propriétaire, à Chartres;
Peluche, conseiller de Préfecture, à Chartres;
Person, directeur de l'école normale de Chartres;
Pétey de la Charmois, propriétaire, à Chartres;
Petit d'Ormoy (Alexandre), propriétaire, à Chartres;
Pillet, sous-inspecteur des écoles primaires, à Chartres;
Prévoteau (Isidore), propriétaire, à Chartres;
Raimbault, député d'Eure-et-Loir, membre du Conseil général;
Raimbert-Sévin, ancien député, membre du Conseil général;
Rémond, administrateur des hospices de Chartres;
Roullier, juge au tribunal de première instance de Chartres, membre du Conseil général;
Roullier, ancien notaire, à Bonneval;
Roux, officier de l'Université, à Chartres;
Sellèque, membre du Conseil municipal de Chartres, directeur du journal *le Glaneur;*
Sanson, membre du Conseil général;
Comte de Tarragon, maire de Romilly, membre du Conseil général;
Texier (Alexandre), ancien député, membre du Conseil général;
Texier (Didier), propriétaire, à Chartres.

M. le Préfet prend place au bureau, comme président.

M. l'abbé Pic et M. Demetz prennent place auprès de M. le Président, sur son invitation;

M. Person accepte les fonctions de secrétaire, que M. le Président le prie de remplir.

M. le Préfet ouvre la séance par l'exposé suivant :

(Voir ci-après, page 9, le discours de M. le Préfet.)

Après cette communication, M. le Président donne la parole à MM. les Directeurs.

M. Adelphe Chasles, l'un d'eux, fait lecture du rapport dont la teneur suit :

(Voir ci-après, page 11, le rapport des directeurs.)

M. Louvancour, directeur provisoire, fait lecture du projet de statuts à proposer à l'approbation du Gouvernement. — Après cette lecture, MM. les Directeurs donnent des explications sur quelques dispositions des statuts. Il est expliqué notamment, au sujet du lieu désigné comme siège de la société, que toute société approuvée par le Gouvernement doit avoir un domicile légal, qui peut être distinct du lieu de l'établissement qu'elle a fondé ;

Que pour l'œuvre de la colonie de Bonneval, le siège de la société doit être au chef-lieu du département, résidence légale du Préfet (qui représente le département, propriétaire de l'immeuble de Bonneval), et siège de l'administration centrale à laquelle la société doit soumettre les principaux actes de son administration particulière.

Après quelques autres observations échangées entre l'assemblée et MM. les Directeurs, les statuts sont adoptés à l'unanimité dans les termes suivants :

(Voir ci-après, page 20, le texte des Statuts.)

M. Ad. Chasles donne à l'assemblée des renseignements sur l'état financier de la Colonie, qui se résument comme il suit :

Aperçu de la situation financière de la Colonie.

Recettes ordinaires et extraordinaires à réaliser dans le cours des années 1845 *et* 1846.

1° Souscriptions, environ	36,000 fr.
2° Subvention de M. le Ministre de l'instruction publique.	4,000
A reporter.	40,000

Report.		40,000 fr.
3° Subvention extraordinaire du département pour l'appropriation des bâtiments.		14,997
4° Pensions des colons à payer par le département, à raison de 110 fr. par colon :		
1845. (Somme stipulée à forfait.).	7,000 fr.	13,600
1846. (60 colons.).	6,600	
5° Contingent des hospices, pour les dépenses de vêtures, à raison de 33 fr. par an par colon :		
1845. (Pour 50 colons)	1,650 fr.	3,630
1846. (Pour 60 colons)	1,980	
6° Produits du domaine (moulin, pré, bois, jardins), évalués pour les deux années à.		3,000
7° Subvention du département, produit des dons et quêtes, et des sommes versées au tronc, le tout évalué, pour les deux années, à.		4,000
Total général.		79,227

Evaluation des dépenses ordinaires et extraordinaires, à faire dans le cours des années 1845 *et* 1846.

1° Dépenses de premier établissement :		
Dépense faite jusqu'au 1er août 1845.	13,600 f.	20,000 fr.
— restant à faire, évaluée à. .	6,400	
2° Appropriation des bâtiments; emploi d'un crédit spécial.		14,997
Total des dépenses extraordinaires. . .		34,997
3° Dépenses annuelles :		
Somme dépensée au 1er août 1845.	4,500 fr.	
Restant à dépenser jusqu'au 31 décembre	6,500	
Total pour la première année.	11,000	
A reporter. . . .	11,000	34,997

Report. . . .	11,000	34,997
Dépenses de l'année 1846.	17,000	
Total des dépenses ordinaires pour les deux années . . .	28,000	ci 28,000
Total général.		62,997

Balance :

La recette totale est évaluée à	79,227 fr.
La dépense totale à.	62,997
Le reliquat actif au 31 décembre 1846, peut être évalué à.	16,230

L'assemblée entend la lecture d'un projet de réglement proposé par MM. les Directeurs, pour le gouvernement de la Colonie. L'assemblée est invitée à donner son avis sur les diverses dispositions de ce projet.

Quelques modifications sont proposées et immédiatement acceptées par MM. les Directeurs. Puis l'assemblée déclare à l'unanimité qu'elle est d'avis de l'adoption du réglement, dans les termes suivants :

(Voir ci-après, page 23, le texte du Réglement.)

M. le Préfet, avant de lever la séance, adresse au nom du pays et de l'administration, des remercîments à MM. les Souscripteurs et à MM. les Directeurs de la Colonie.

L'assemblée, touchée de la coopération particulière de M. Demetz à l'œuvre de Bonneval, et de la part personnelle qu'il a bien voulu venir prendre dans une délibération à laquelle ses avis et ses conseils ont été si utiles, lui en témoigne toute sa reconnaissance; et, sur la proposition d'un de ses membres, lui adresse, par acclamation, d'unanimes remercîments.

La séance est levée.

(Signé à l'original.) Baron DE JESSAINT, *Président.*

PERSON, *Secrétaire.*

Discours de M. le Préfet.

Réunion générale du 28 *août* 1845.

Messieurs,

A l'époque où MM. Ad. Chasles et Louvancour voulurent bien accepter la direction provisoire de la Colonie agricole de Bonneval, cette institution n'était qu'à l'état de projet; il s'agissait réellement de la créer, de l'établir sur des bases capables d'assurer son existence.

C'était une mission aussi délicate que difficile. Je ne me dissimulais pas moi-même les obstacles qu'elle rencontrerait; mais j'avais foi dans les deux honorables citoyens qui s'en étaient chargés; je connaissais leur zèle, leur dévouement patriotique; je savais que rien n'était au-dessus de leur ferme volonté pour arriver au but proposé; dès-lors, le succès ne me parut pas douteux.

Cette opinion s'est pleinement justifiée. — Notre Colonie, où déjà 40 enfants se trouvent réunis, est pleine de vie et d'activité; tous les services fonctionnent et sont parfaitement coordonnés; elle annonce, dès ce moment, par les excellents résultats obtenus depuis six mois, ce qu'elle deviendra un jour, sous une administration aussi vigilante que paternelle, qui saura s'identifier à l'œuvre commencée sous d'aussi heureux auspices. — Allez voir nos jeunes enfants, Messieurs, vous vous formerez une juste idée des avantages de leur situation. — Entrés pour la plupart à Bonneval, malingres, moroses et presque abrutis, ils sont aujourd'hui gais, vifs, pleins de santé et déploient dans tous leurs exercices les facultés intellectuelles que la misère, le défaut de soins, et, il faut bien le dire aussi, les mauvais traitements semblaient leur avoir ravies chez leurs nourrices.

Après avoir posé les fondements de cette belle institution, après en avoir organisé les premiers mouvements et tracé la marche, MM. Chasles et Louvancour s'étaient imposé une obligation particulière, celle de rendre compte de leur gestion temporaire et de présenter en même temps les statuts et le règlement général de la Colonie.

Cette communication, Messieurs, est le motif qui m'a déterminé à vous convoquer aujourd'hui. J'ai pris particulièrement connaissance des documents dont elle se compose; ils ont été mis sous les yeux du Conseil général.

Ils doivent être soumis à l'approbation du Gouvernement pour acquérir force légale et définitive. Je ne perdrai pas un moment pour solliciter cette sanction dès que me le permettra le résultat de votre examen. — La Colonie de Bonneval, Messieurs, a un bel avenir. — Entourée des sympathies générales, ses moyens d'action ne peuvent que s'accroître de plus en plus; le temps n'est pas éloigné où elle produira tous les avantages qu'on peut et doit attendre de sa création, et chacun de vous sera fier d'y avoir concouru!

Le Roi, la Reine, et les autres membres de la famille royale, toujours empressés de répandre des bienfaits, m'ont permis de placer leurs noms sur la liste des fondateurs de la Colonie.

M. le Ministre de l'instruction publique nous a accordé une subvention de 4,000 fr.

MM. les Ministres de l'intérieur, de l'agriculture et des Cultes ne nous refuseront pas non plus des allocations efficaces.

Le nombre des souscripteurs, déjà considérable, s'augmentera encore, j'en ai la conviction d'après les correspondances que j'entretiens à ce sujet. Tout se réunit donc pour assurer la complète réalisation de nos vœux. La bienfaisance publique ne saurait abandonner l'œuvre qu'elle a si libéralement commencée.

RAPPORT

Fait à l'assemblée générale des membres de la société paternelle d'Eure-et-Loir, par MM. Adelphe Chasles et Louvancour, Directeurs provisoires, le 28 *août* 1845.

MESSIEURS,

Vous êtes réunis pour la première fois depuis que votre généreux assentiment aux vues qui ont inspiré le Conseil général, a rendu praticable la belle œuvre qu'il avait conçue.

Nous venons vous rendre compte des efforts que nous avons faits pour atteindre le but proposé, des résultats que nous avons obtenus, et des espérances que nous donne l'avenir.

Nous ne vous offrirons aujourd'hui qu'un aperçu rapide des faits qui vous intéressent; car nous sommes encore dans cette période d'initiation et d'enfantement, si je puis dire, où les choses ne se traduisent pas encore en résultats positifs, tels que ceux que vous aurez droit d'attendre d'une plus longue expérience. — Mais nous pouvons dès aujourd'hui vous déclarer que votre œuvre est fondée, que la Colonie est en activité, et que ses développements désirables ne se feront pas attendre.

La question des enfants-trouvés, l'une des plus difficiles que puisse soulever l'examen du système général des secours publics, ou de la charité légale, a sommeillé longtemps au milieu de nos préoccupations exclusivement politiques.

Elle n'apparaissait dans les discussions des Conseils généraux que comme question purement financière. La permanence de la paix et les progrès de la richesse publique sollicitaient incessamment des créations nouvelles qui aggravaient les charges des budgets provinciaux, et l'on se préoccupait du besoin d'arrêter l'accroissement des dépenses des enfants-trouvés, dans la seule vue de consacrer à d'autres services les ressources départementales : mais la question, envisagée d'abord sous son aspect purement budgétaire, ne tarda pas à prendre le vrai caractère qui lui appartient; elle apparaît aujourd'hui telle qu'elle est dans la réalité, comme question sociale de la plus haute gravité, qui appelle toute la sollicitude des bons citoyens et des hommes d'Etat.

Nous ne vous redirons pas, Messieurs, tout l'historique de la question des enfants-trouvés. Notre point de départ, c'est la législation fondée par le décret de 1811.

Le décret de 1811 avait posé un principe salutaire, conforme aux prescriptions de la morale et de la religion.

Il avait dit *que* L'ÉDUCATION *des enfants-trouvés et abandonnés, et des orphelins pauvres, serait confiée à la charité publique;* puis, pour organiser l'exécution de ce principe, il avait ordonné :

Que les enfants nouveaux-nés seraient mis en nourrice jusqu'à six ans;

Qu'à six ans, ils seraient mis en pension moyennant un prix de pension qui décroîtrait chaque année ;

Qu'à douze ans, ils seraient placés en apprentissage chez des artisans ou des laboureurs, sans aucune rétribution ni pour l'apprenti ni pour le maître; mais avec la stipulation que le maître garantirait à l'apprenti le logement, la nourriture et l'entretien, en échange de son travail dont le produit serait abandonné gratuitement au maître pendant un temps qui pouvait se prolonger jusqu'à la vingt-cinquième année de l'apprenti.

Tel était l'ensemble du système institué par le décret de 1811.

Ainsi, vous le voyez, la charité publique subvient aux besoins de l'enfant jusqu'à sa douzième année; mais à cette époque, toute assistance lui est retirée, il devra se suffire à lui-même.

Vous lui devez donc procurer par son éducation première une santé forte et l'amour du travail, des bras nerveux et des principes sûrs; car à ces conditions seules il trouvera l'adoption dans une famille de laboureurs recommandables.

Mais que deviendra-t-il, si, quand vous le rejetterez loin de vous, il n'emporte qu'une santé débile, l'habitude de la fainéantise, et l'ignorance de ses devoirs envers Dieu, envers les hommes, envers lui-même?

Et telle est, Messieurs, telle est malheureusement la condition de la plupart des enfants-trouvés.

Quel honnête laboureur, quel artisan recommandable voudra contracter envers la société l'engagement de les introduire dans sa maison, dans sa famille, et de remplir envers eux tous les devoirs de l'affection paternelle? par qui seront-ils donc adoptés? par les indigents mêmes qui les ont si mal élevés et qui, séduits par l'appât d'une prime offerte à leur indigence ou à leur cupidité, souscrivent un contrat d'adoption mensongère.

Voilà donc comme la société s'est acquittée de sa dette envers ces pauvres enfants.

Le décret de 1811 leur avait promis *l'éducation*, et ce mot comprend les besoins physiques et moraux ; or, on leur a donné le morceau de pain nécessaire à leur existence, mais rien au-delà ; le corps a reçu une chétive nourriture, mais le cœur et l'esprit sont demeurés incultes et se sont pervertis au sein de la misère.

Ici, Messieurs, nous laisserons parler le rapporteur d'une commission instituée officiellement par M. le Préfet en 1841, pour examiner la proposition faite à cette époque au Conseil général par l'un de nous.

Dans son rapport présenté à M. le Préfet, le 14 août 1841, et transcrit aux procès-verbaux imprimés du Conseil général, cette commission s'exprimait ainsi :

« La commission a lu attentivement le rapport de M. Chemin, inspec-
» teur départemental des enfants-trouvés, et ceux de MM. les méde-
» cins Robbe, Lambert, Maréchal, Durand, Pichot, Perrier et Ba-
» rillon. Ces documents officiels, ainsi que les investigations particu-
» lières auxquelles chacun de ses membres a pu se livrer, lui ont révélé
» les faits suivants :

. . . .

» Les enfants-trouvés ne sont pas, en général, vaccinés, même lors-
» qu'ils sont entre les mains des nourrices. Aussi la petite vérole en mois-
» sonne-t-elle un grand nombre.

. . . .

» Il y a d'ordinaire quatre ou cinq enfants-trouvés chez la même nour-
» rice. La commission en a même compté jusqu'à huit, à quoi il faut
» souvent ajouter les enfants de la nourrice elle-même.

» La demeure d'un grand nombre de nourrices est mal aérée ; quel-
» ques-unes n'ont qu'une seule chambre dans laquelle sont entassés plu-
» sieurs lits et plusieurs berceaux. Il y en a même qui couchent dans un
» seul et même lit avec trois nourrissons.

» Beaucoup de nourrices sont indigentes ; bien que nourrices *sèches*,
» elles n'ont ni chèvre, ni vache, et elles donnent pour toute nourriture
» aux enfants, du mauvais pain émietté dans un peu d'eau. L'hiver elles
» n'ont pas de feu, et les pieds des enfants gèlent dans les langes
» mouillés.

» Il y a des nourrices qui font profession de mendicité ; pendant leur
» absence, les enfants restent seuls au logis ou dans les chemins, quel-

» ques-uns mendient avec leurs nourrices, qui les dressent à exercer
» seuls cette coupable industrie.

» Quelques nourrices cèdent leurs nourrissons moyennant salaire;
» d'autres louent les enfants à prix d'argent, soit à des mendiants infir-
» mes ou aveugles, soit à des artisans qui les font travailler avec eux.
» Dans la commune de. . . . . les enfants travaillent quatorze
» heures par jour, dans des ateliers malsains.

» La plupart des nourrices refusent d'envoyer les enfants à l'école, et
» offrent même de les rendre à l'hospice, si on exige l'accomplissement
» de cette obligation. Le métier de nourrice n'est pour elles qu'une spé-
» culation, à cause de l'utilité que l'enfant leur présente en gardant les
» oies ou les vaches, en ramassant du bois et du fumier, ou en travail-
» lant à certaines professions manuelles. »

Tel est, Messieurs, le régime actuel des enfants-trouvés! Et il n'est ici question que des enfants âgés de moins de douze ans.

Imaginez-vous ce que deviennent, après douze ans, ces pauvres enfants, dégradés par une telle éducation?

Ils meurent de misère, s'ils ne deviennent les fléaux du pays.

La société qui s'est chargée de leur tutelle, les a traités en marâtre; faut-il s'étonner qu'ils la traitent à son tour en fils dénaturés! Ils sont bien coupables assurément quand ils violent la loi du pays, mais la société n'a-t-elle pas aussi bien des reproches à se faire?

Messieurs, ce déplorable état de choses va cesser pour une partie de ces infortunés. Nous disons à regret pour une partie d'entre eux, car l'asile de Bonneval ne s'ouvre encore qu'aux garçons, et les malheureuses filles appellent aussi toute votre sollicitude. Vienne bientôt ce jour heureux, où à leur tour elles recevront le salutaire bienfait d'une éducation morale et religieuse! Si la providence seconde nos désirs et nos espérances, nous proposerons à votre ardente charité les moyens de compléter bientôt votre œuvre; mais à chaque jour suffit sa tâche; sachons nous résigner et modérer notre impatience.

Depuis longtemps, Messieurs, le Conseil général s'était ému de la situation des enfants-trouvés; il avait fait de généreux efforts pour corriger quelques-uns des maux que nous venons de signaler: il avait institué un inspecteur chargé de faire de fréquentes tournées pour surveiller les nourrices; il avait institué des primes pour celles qui enverraient leurs enfants à l'école, d'autres primes pour les instituteurs qui les recevraient. Il avait organisé un service médical en leur faveur.

Tous ces remèdes, Messieurs, n'étaient que des palliatifs insuffisants; il fallait couper le mal dans sa racine; il fallait que le pouvoir public, représentant de la société toute entière, s'emparât de l'éducation de ces pauvres enfants sans famille, qu'il acceptât la tâche de leur donner lui-même l'éducation qui fait des hommes et des citoyens. Or les ressources du budget départemental étaient insuffisantes pour la création et pour l'entretien d'un grand établissement central; nous dûmes faire appel à la charité publique, elle ne nous a pas fait défaut: graces vous en soient rendues, Messieurs.

Après que votre généreux concours eut assuré d'abondantes ressources à l'œuvre projetée, toutes les difficultés n'étaient pas aplanies. C'est alors que d'eux d'entre vous ont pensé qu'ils avaient un devoir personnel à remplir en cette circonstance; qu'ils n'étaient pas quittes envers vous et envers le Conseil général par l'acquittement de leur cotisation individuelle;

Qu'ils devaient accepter le fardeau des premiers efforts, et la responsabilité des mécomptes, si l'entreprise devait échouer.

Leur coopération fut acceptée par M. le Préfet.

Ils allèrent s'inspirer des bonnes résolutions et des bonnes pensées que suggère inévitablement le commerce de M. Demetz, et le spectacle des admirables résultats de la colonie de Mettray; le 11 novembre dernier, ils soumirent à M. le Préfet leurs vues sur la création et l'organisation de la Colonie; ils eurent le bonheur de se trouver en parfaite conformité de vues avec M. le Baron de Jessaint, qui put leur conférer ses pleins pouvoirs. Bientôt les résolutions du Conseil général furent approuvées par le Gouvernement, et le 5 mars, intervint l'arrêté ministériel qui approuvait le mandat conféré aux deux directeurs provisoires. Cinq semaines après, les chants religieux réveillaient les échos de l'antique abbaye, et appelaient la protection de Dieu sur les pauvres enfants, jusque-là délaissés, auxquels vous veniez d'ouvrir un asile.

Maintenant, Messieurs, nous vous devons quelques détails sur les principes qui ont présidé à l'organisation du gouvernement intérieur de la Colonie.

Nous venons de parler de Mettray. Hâtons-nous de dire que nous n'avons ni osé, ni espéré, ni voulu faire une seconde colonie de Mettray.

Pour fonder un tel établissement, et le soutenir constamment à la hauteur où il s'est élevé, il faut le dévouement ingénieux et infatigable, et le mérite supérieur des deux hommes éminents qui l'ont conçu et qui l'ont créé. — Nous n'avions pas la prétention d'imiter de tels modèles. Notre tâche, d'ailleurs, n'était pas la même. Ils entreprenaient de régénérer des adultes viciés par une éducation mauvaise, gâtés par de funestes exemples, et déjà flétris par le séjour des prisons. Nous, au contraire, nous voulions recueillir, avant leur chute, de pauvres créatures, encore innocentes; nous n'avions point à corriger, mais à diriger; nous avons voulu ouvrir une maison d'éducation et de travail, dont le gouvernement quotidien ne réclamerait des agents préposés à sa direction, que de la bonne volonté, du dévouement, de la charité, et non l'éclatant mérite de ces hommes rares que nous révérons et admirons, sans aspirer à l'honneur d'être placés à côté d'eux.

Notre premier devoir était de mesurer les proportions de notre Colonie aux ressources limitées que nous offrait une association de bonnes volontés locales. Nous n'aurons pas à notre disposition les trésors de la charité mondaine de la capitale, qui subventionne par des fêtes brillantes la colonie de Petit-Bourg; tous les yeux ne seront pas ouverts sur nous comme sur l'établissement modèle de Mettray, et tous les départements de France ne viendront pas à notre aide; car ils ont chacun à remplir une tâche pareille à la nôtre. La plus stricte économie nous était donc commandée; vous allez juger si nous avons obéi à cette condition.

Appropriation des bâtiments.

Le Conseil général avait alloué une subvention spéciale de 14,997 fr. pour cette destination. Nous rendons compte à M. le Préfet, dans un rapport particulier, de l'emploi de ces ressources qui auront suffi à la mise en état de tous les locaux indispensables; appropriés avec économie, ils répondent cependant à la grandeur de l'entreprise. Sans doute, il nous reste beaucoup à faire pour effacer les traces d'un long délaissement; mais ce sera l'œuvre du temps.

Administration de la Colonie.

Nous avons la conviction, Messieurs, que des établissements tels que le vôtre, ne peuvent se passer de ces excellentes filles qui se dévouent, pour l'amour de Dieu, au soulagement de toutes les misères. Nous bâtirions sur le sable si nous n'appelions pas à notre aide ces héroïques et modestes dévoûments que rien ne décourage, que rien ne rebute, parce-qu'ils sont inspirés par une foi vive et une ardente charité.

Nous avons dû réclamer le secours des sœurs hospitalières de Saint-Paul; il nous a été accordé avec empressement.

Notre bonne fortune, Messieurs, nous a fait rencontrer *une supérieure* telle que nous l'avions désirée; en qui se trouvent réunis la dignité du caractère, la bonté, la simplicité et la parfaite intelligence de votre œuvre.

Trois autres sœurs sont chargées, sous sa direction, des détails du dortoir, de la lingerie, de la cuisine et de l'infirmerie.

Culte.

Un aumônier préside à l'instruction religieuse et morale des enfants; il leur fait chaque jour une leçon familière de peu de durée, qui dépose de bons germes dans les jeunes cœurs.

M. l'abbé Mauger, homme instruit, doux et bon, s'est dévoué à cette tâche, après avoir obtenu l'assentiment de Monseigneur l'évêque, qui s'est empressé de nous prêter le concours que nous lui demandions.

Plusieurs d'entre vous, Messieurs, ont déjà visité Bonneval, et ont rencontré M. l'abbé Mauger; ils ratifieront l'éloge que nous nous plaisons à faire ici de notre excellent collaborateur.

École.

Nous ne donnerons à nos pupilles qu'une instruction peu développée; ils apprendront ce qu'il est indispensable de savoir, lire, écrire et compter.

Tel est notre modeste programme. Nous y joignons l'enseignement du chant comme récréation, et pour occuper les heures que le jeune âge de nos colons nous prescrit de refuser au travail.

Un jeune instituteur qui fut l'un des meilleurs élèves de l'école mutuelle de Chartres, puis de l'école normale, et qui a déjà pratiqué l'enseignement, tant à l'école normale qu'au collège de Chartres, a brigué l'honneur de s'associer à notre belle entreprise; il justifie la confiance que nous lui avons accordée.

L'école n'occupera pas tout son temps; il a compris qu'il devait concourir à l'éducation plus encore qu'à l'instruction de ses élèves. Il les suit et les surveille dans tous leurs mouvements; ses conseils et ses directions les accompagnent même dans leurs travaux extérieurs.

Régie. — Comptabilité.

Enfin, un commis chargé des écritures de comptabilité, complètera l'ensemble de l'organisation simple et peu dispendieuse de la Colonie.

Régime des colons.

Nous avons voulu, Messieurs, acquitter envers les malheureux enfants-trouvés la dette que le décret de 1811 impose à la société; mais malheur à nous si nous dépassions le but. Votre charité deviendrait immorale et pernicieuse, si les enfants légitimes devaient envier le sort de vos pupilles.

Nous leur donnerons le pain nécessaire à leur existence, et l'éducation morale et religieuse. Nous leur apprendrons à faire un bon usage de leurs bras et des facultés que Dieu leur a départies. Nous en ferons, en un mot, des hommes valides et des hommes honnêtes. Mais nous les assujétissons à la vie dure et laborieuse des pauvres habitants des campagnes; ils ont un coucher rustique, une nourriture frugale, des vêtements grossiers; et la plus grande partie de leur temps est consacrée au travail.

Trois heures et demie seulement sont données aux leçons de l'instituteur et de l'aumônier; quatre heures et demie aux repas, aux récréations, aux soins de propreté, aux prières du matin et du soir, et le surplus à l'apprentissage des travaux de la campagne.

Leur nourriture se compose de trois repas, déjeûner, goûter, souper; ils ont à déjeûner une soupe maigre, du pain et des légumes;

A goûter, du pain et du fromage ou des fruits.

A souper, une soupe maigre, du pain et des légumes ou une salade. Deux fois par semaine, le dimanche et le jeudi, du porc salé ou de la viande de boucherie remplace les légumes à l'un des repas.

Admission des colons.

Nous n'avions recueilli d'abord que 20 enfants, craignant de rencontrer quelque résistance aux pratiques sévères d'ordre et de discipline que nous voulions établir tout d'abord dans le régime de la Colonie; nous avions voulu n'entreprendre qu'une tâche limitée; étudier les caractères de nos enfants, les façonner, les assouplir à nos mouvements réguliers, avant de compléter le personnel de la Colonie. La tâche était plus facile que nous ne l'avions espéré. Nous avons trouvé chez eux de la docilité, de la soumission, de l'ardeur au travail devenu attrayant par la variété des exercices.

Bientôt 20 autres enfants d'un âge plus avancé, sont venus se fondre dans la Colonie. C'était une seconde épreuve; elle a réussi comme la première. Nos enfants se montrent dignes du sort que vous leur avez fait; ils entendent avec plaisir les leçons de l'aumônier et de l'instituteur, et se livrent avec ardeur au travail qui leur est prescrit.

Ce travail, vous le pensez bien, n'entre point encore dans les prévisions des ressources de la Colonie. Nous le considérons comme moyen d'éducation, rien de plus quant à présent; et cependant notre courte expérience nous a déjà démontré que ces débiles bras peuvent traîner la brouette, façonner la terre, porter des fardeaux, et que le temps n'est pas éloigné, peut-être, où le travail des enfants acquittera une faible part de leurs dépenses journalières.

Nous n'entrerons pas dans de plus longs détails sur le gouvernement intérieur de la Colonie. Nous avons à vous soumettre un projet de statuts et de règlements généraux dont l'examen et la discussion donneront l'occasion de vous fournir tous les développements désirables. Nous vous présenterons aussi un aperçu de la situation financière de la société.

Il vous donnera, Messieurs, une assurance que vous accueillerez avec bonheur, il vous montrera que l'avenir de la Colonie est assuré; que vous avez fondé sur des bases solides et durables cet établissement de haute moralité, dont la fondation vous méritera les bénédictions du ciel et la reconnaissance du pays.

SOCIÉTÉ PATERNELLE D'EURE-ET-LOIR.

STATUTS

ADOPTÉS PAR L'ASSEMBLÉE GÉNÉRALE DU 28 AOUT 1845.

But de la Société.

Article 1er. La Société a pour but, 1° de subvenir à l'entretien de la Colonie agricole fondée à Bonneval en faveur des enfants-trouvés ou abandonnés, et des orphelins pauvres du département d'Eure-et-Loir;

2° D'exercer, à titre de patronage, une surveillance assidue sur la conduite de ces enfants, à leur sortie de la Colonie, jusqu'à l'époque de leur majorité.

Art. 2. La Société prend le nom de *Société paternelle d'Eure-et-Loir.*

Art. 3. La Colonie prendra le nom d'*Asile d'Aligre, Colonie agricole de Bonneval,* en souvenir de la donation faite au département d'Eure-et-Loir, par M. le Marquis et Madame la Marquise d'Aligre, pour la fondation de l'hospice connu sous le nom d'Asile d'Aligre, et établi à Josaphat, commune de Lèves.

Art. 4. Les enfants admis à la Colonie y recevront l'éducation morale et religieuse, et l'instruction primaire élémentaire, et seront exercés et formés aux travaux de la campagne, et s'il y a lieu, aux professions qui se rapportent à l'agriculture.

Art. 5. Le siège de la Société est à Chartres.

Composition de la Société.

Art. 6. La Société se compose de fondateurs et de bienfaiteurs.

Sont fondateurs, les membres de la Société qui s'obligent à donner deux cents francs au moins, en un ou plusieurs versements, dans le délai d'une année.

Sont bienfaiteurs, tous ceux qui s'obligent à fournir, dans le même délai, une somme moindre de deux cents francs, mais de dix francs au moins.

Les dons d'une somme moindre de dix francs seront reçus avec reconnaissance, et mentionnés au livre des bienfaiteurs, mais sans conférer le titre de membre de la Société.

Il en sera de même des dons en nature; néanmoins le Conseil général des fondateurs pourra décider que le donateur d'objets en nature sera inscrit au nombre des fondateurs, quand l'importance du don justifiera cette exception.

Art. 7. Les noms des fondateurs resteront inscrits à perpétuité dans la chapelle. La première liste des fondateurs sera arrêtée et close le 1er octobre 1845. Chaque année, il pourra être dressé une liste supplémentaire.

Administration de la Société.

ASSEMBLÉE GÉNÉRALE.

Art. 8. Tous les membres de la Société sont réunis chaque année au mois de mai, en assemblée générale, pour prendre connaissance de la situation de la Société, et communication du compte moral et financier de la Colonie.

CONSEIL GÉNÉRAL DES FONDATEURS.

Art. 9. La Société est représentée, pour la surveillance de la Colonie, et pour l'exercice du patronage, par la réunion générale des fondateurs.

Art. 10. Tous les fondateurs se réunissent deux fois par an en Conseil général de la Société.

Sont présidents d'honneur de la Société :

M. le Marquis d'Aligre, pair de France ;

Et M. le Préfet.

Le bureau du Conseil général de la société se compose, en outre, d'un président, de trois vice-présidents, d'un secrétaire, et de trois secrétaires-adjoints, tous élus au scrutin secret et à la majorité absolue des suffrages, par le Conseil général des fondateurs. Ils sont élus pour deux ans ; ils sont indéfiniment rééligibles.

Le Conseil général de la Société entend le rapport qui lui est fait, soit par son bureau, soit par les directeurs de la Colonie, soit par les patrons, sur tout ce qui concerne la société paternelle et la Colonie.

Il donne son avis sur les règlements généraux, sur les comptes d'administration, sur toutes les mesures prises ou à prendre par les directeurs de la Colonie et par le comité supérieur de surveillance, et généralement sur tout ce qui intéresse la Société.

Il arrête la liste des membres du comité supérieur de la Colonie, et élit au scrutin secret et à la majorité absolue des suffrages, ceux des membres dudit comité qui n'y sont pas appelés de plein droit.

Le bureau du Conseil général de la Société peut se réunir aussi souvent qu'il le juge convenable, et convoquer la réunion extraordinaire du Conseil général.

Administration de la Colonie.

Art. 11. La Colonie est gouvernée, sous l'autorité du Préfet, par un ou plusieurs directeurs gratuits, désignés par le Préfet parmi les membres de la Société.

Les directeurs sont secondés par un aumônier, un instituteur, et par des sœurs hospitalières, dont une, supérieure, est préposée à l'administration générale de la maison sous l'autorité des directeurs.

Art. 12. Il est institué près de la Colonie un comité local de surveillance, composé de cinq membres fondateurs résidant dans le canton; ils sont désignés par le comité supérieur et sont nommés pour un an; ils sont indéfiniment rééligibles.

Le comité local inspecte fréquemment la Colonie; il consigne le résultat de ses visites sur un registre spécial dont copie est immédiatement transmise au Préfet et aux directeurs de la Colonie.

Toutes les observations du comité local sont communiquées au comité supérieur et au Conseil général de la Société à l'époque de leurs réunions.

Art. 13. Il est en outre institué un comité supérieur, composé de :

1° M. le marquis d'Aligre et M. le Préfet, présidents d'honneur;

2° Les membres du Conseil général du département;

3° Et vingt-quatre membres pris parmi les fondateurs de la Société, et élus au scrutin secret, à la majorité absolue des suffrages, par le Conseil général de la Société.

Il sont élus pour deux ans; ils sont indéfiniment rééligibles.

Art. 14. Le comité supérieur se réunit tous les trois mois. La présence de dix membres du comité suffit pour la régularité de ses délibérations.

Art. 15. Le comité supérieur désigne plusieurs de ses membres pour inspecter la Colonie; il prend connaissance de tous les actes d'administration des directeurs; il peut se faire représenter toutes les pièces et tous les registres de comptabilité.

Il arrête le budget des dépenses; il autorise, s'il y a lieu, les dépenses non prévues au budget.

Il entend, débat et arrête tous les comptes.

Il donne chaque année, au Préfet, son avis sur l'administration des directeurs, et signale les améliorations désirables.

Il fait les règlements généraux pour le gouvernement de la Colonie, sous l'approbation du Préfet.

Il désigne les patrons chargés de surveiller la conduite des colons depuis leur départ de la colonie jusqu'à leur majorité.

Il est tenu procès-verbal de toutes les réunions du comité supérieur; copie de ses délibérations est immédiatement transmise au Préfet.

Art. 16. Les présents statuts seront soumis à l'homologation du Roi en conseil d'État, pour que la Société paternelle d'Eure-et-Loir soit reconnue établissement d'utilité publique.

COLONIE AGRICOLE DE BONNEVAL.

RÉGLEMENT GÉNÉRAL.

Titre Ier.

PERSONNEL DE L'ADMINISTRATION.

Article 1er. Le personnel de la Colonie agricole est ainsi composé :

Un ou plusieurs directeurs ;

Quatre sœurs hospitalières, dont une supérieure ;

Un aumônier ;

Un instituteur ;

Un commis chargé des écritures ;

Des surveillants et gens de service, dont le nombre est déterminé par les directeurs, suivant les besoins.

Art. 2. Le service médical est confié soit à des médecins attachés spécialement à l'établissement, soit aux médecins de l'hospice des malades de la ville de Bonneval.

Art. 3. Les directeurs sont préposés à l'administration générale de la Colonie.

Tous les ordres émanent d'eux.

Ils font exécuter les réglements généraux. Ils prennent à ce sujet des arrêtés, et prescrivent toutes les mesures nécessaires. Ils proposent au comité supérieur institué par l'article 12 des statuts, les sœurs hospitalières et l'instituteur, ils nomment et révoquent directement le commis préposé aux écritures, et les surveillants et gens de service.

Art. 4. La sœur supérieure a la direction générale de l'établissement, sous l'autorité des directeurs, qui peuvent lui déléguer tout ou partie de leurs pouvoirs, et qui déterminent, par un arrêté, l'étendue de ses attributions.

Elle peut être chargée de la caisse et du maniement des deniers.

Elle dirige et surveille tout ce qui concerne les divers services de la Colonie, sauf ce qui rentre dans l'exercice du culte, et l'instruction religieuse des colons.

Elle prépose les autres sœurs aux divers services de la lingerie, de l'infirmerie, du dortoir et de la cuisine.

Art. 5. L'aumônier a dans ses attributions l'éducation religieuse et tout ce qui concerne le culte.

Art. 6. L'instituteur peut être chargé des fonctions de secrétaire de l'administration.

Art. 7. Les directeurs déterminent les attributions du commis chargé des écritures.

Art. 8. Les fonctionnaires et employés, quelle que soit d'ailleurs leur qualité, doivent faire exécuter les réglements, chacun en ce qui le concerne, et concourir tous au maintien du bon ordre et de la discipline.

Art. 9. Ils sont tenus de se suppléer réciproquement lorsque les circonstances l'exigent, et de signaler les contraventions quelconques dont ils auraient connaissance.

Titre II.

ADMISSION DES COLONS.

Art. 10. Les enfants-trouvés et abandonnés et orphelins pauvres, que les lois mettent à la charge du département, peuvent être admis et entretenus à la Colonie depuis l'âge de sept ans jusqu'à l'âge de douze ans révolus. Ils sont désignés par M. le Préfet.

Leur admission définitive n'est prononcée qu'après un mois de séjour à la Colonie. Le comité supérieur peut, sur le rapport des directeurs, refuser l'admission définitive de ceux des enfants dont l'état physique ou moral motiverait cette exclusion.

Le comité supérieur détermine annuellement le nombre d'enfants qui seront entretenus l'année suivante à la Colonie.

Art. 11. Les colons pourront être retenus à la Colonie après l'âge de douze ans révolus, sur une décision du Conseil général de la Société, rendue sur l'avis conforme du comité supérieur.

Art. 12. Tout membre fondateur de la Société paternelle aura la faculté d'envoyer à la Colonie des enfants pauvres, âgés de moins de quinze ans, en s'engageant à fournir pour eux une subvention fixe de cent cinquante francs pour le trousseau, puis une indemnité de cinquante centimes par jour.

Néanmoins, l'admission des enfants ne pourra avoir lieu qu'autant qu'elle aura été agréée par le Comité supérieur.

Art. 13. Les pièces suivantes doivent être annexées à la demande d'admission des enfants autres que les pupilles du département :

1° L'acte de naissance de l'enfant ;

2° Un certificat constatant sa situation de famille, la réputation et les moyens d'existence de ses parents ; il énumérera si l'enfant a été à l'école ; s'il a été mis en apprentissage, ou employé à quelques travaux.

Ce certificat sera délivré par le maire de la commune, sur l'attestation de deux pères de famille, et visé par le juge de paix;

3° La déclaration d'un médecin constatant que l'enfant a été vacciné, et qu'il n'a ni maladie contagieuse ni infirmité;

4° Un certificat du curé de sa commune, déclarant s'il a fait sa première communion, et dans le cas contraire, l'extrait de son acte de baptême.

Art. 14. Les colons peuvent toujours et à toute époque, être congédiés de la Colonie, par décision du Comité supérieur, et même par décision des directeurs, en cas d'urgence, sauf ratification par le Comité supérieur.

Art. 15. A leur arrivée, les enfants sont visités par le médecin, et baignés avant d'entrer dans la maison.

Art. 16. Dans le cas où ils n'auraient pas été vaccinés, ou s'ils ne portaient pas de marques évidentes de petite vérole, l'administration les ferait vacciner dans les deux premiers mois de leur arrivée à la Colonie.

Titre III.

SERVICE ÉCONOMIQUE.

§ 1er. *Nourriture.*

Art. 17. La nourriture des colons sera réglée comme il suit:

Tous les jours autres que le dimanche et le jeudi:

A déjeûner, soupe maigre, pain, légumes;

A goûter, pain, et fromage ou fruits;

A souper, soupe maigre, pain, légumes ou salade.

Les dimanches et jeudis:

A déjeûner, soupe maigre, pain, légumes;

A goûter, soupe, pain, porc salé;

A souper, pain, et fromage ou fruits.

Le porc salé sera de temps en temps remplacé par de la viande de boucherie.

Art. 18. Les enfants ne boivent que de l'eau.

Art. 19. Il est défendu d'emporter du réfectoire aucun aliment.

Art. 20. La nourriture des malades placés à l'infirmerie est conforme aux prescriptions du médecin.

§ 2. *Vêtements.*

Art. 21. L'habillement des colons est composé comme suit, savoir:

Une veste ronde en drap bleu,

Un pantalon de même étoffe,

Une veste ronde en toile écrue,

Une blouse,
Deux cols de cuir noir ou cravates,
Une casquette de cuir,
Un chapeau de paille,
Une calotte de drap,
Quatre chemises de toile,
Deux bonnets de toile ou coton,
Deux paires de bas,
Quatre mouchoirs de poche,
Une ceinture de cuir,
Une paire de bretelles en lisière de drap,
Deux paires de sabots,
Une paire de souliers,
Deux pantalons de toile écrue.

Art. 22. Les souliers ne sont portés que les dimanches et les jours de fêtes.

Art. 23. Les vêtements d'hiver sont pris le 1er novembre, les vêtements d'été le 1er avril; ces époques peuvent être avancées ou reculées, d'après l'avis du médecin.

Art. 24. Les vêtements pour l'infirmerie consistent, pour l'été, en un pantalon large et une capote de cotonnade;

Pour l'hiver, en un pantalon et une capote de drap.

Ces vêtements sont fréquemment purifiés, et ne peuvent en aucun cas servir hors de l'infirmerie.

Art. 25. Les effets d'habillement de chaque colon sont marqués de son numéro d'ordre.

Art. 26. Il est défendu aux colons de se servir des effets de leurs camarades.

§ 3. *Coucher.*

Art. 27. Le coucher se compose des objets suivants :

Un lit de fer,
Un matelas en zoster,
Un traversin en zoster,
Trois paires de draps,
Une paillasse,
Une couverture de coton en été; une couverture de coton et une couverture de laine en hiver.

Art. 28. Les draps sont changés tous les mois; le matelas et le traversin sont refaits, et leurs enveloppes sont lavées tous les deux ans.

Les objets de literie sont fréquemment exposés au grand air; les dortoirs sont ouverts chaque jour, même en hiver, à l'air extérieur.

Titre IV.

INSTRUCTION.

Art. 29. L'instruction primaire élémentaire donnée aux colons comprend les objets d'enseignement ci-après :

L'instruction morale et religieuse,

La lecture,

L'écriture,

Les éléments du calcul,

Les premiers éléments de la langue française,

Le système légal des poids et mesures,

Le chant.

Art. 30. L'instituteur devant concourir à l'éducation des colons, doit leur consacrer tout son temps, même en dehors des heures de classe. En conséquence, il les suit et les surveille dans tous leurs travaux extérieurs.

Il tient toutes les écritures concernant le personnel des colons.

Art. 31. A la fin de l'année, l'instituteur adresse aux directeurs un rapport sur la conduite et l'instruction des colons.

Titre V.

DISCIPLINE.

Art. 32. Outre les concours ordinaires, il est ouvert, à la fin de chaque trimestre, un concours général sur les divers objets de l'enseignement ; les places sont données le premier dimanche du trimestre suivant, en présence des personnes attachées à l'établissement.

Art. 33. Les colons qui auront obtenu constamment les meilleures notes, et qui seront restés dans la Colonie pendant un an sans donner sujet de mécontentement, porteront au bras une marque distinctive qui sera déterminée par les directeurs.

Art. 34. Il peut être établi des grades parmi les colons : ces grades seront conférés à ceux qui se seraient le plus distingués par leur bonne conduite, et leur assiduité au travail extérieur et à l'école.

La nomination aux grades sera faite toutes les semaines.

Art. 35. Les punitions qui peuvent être infligées aux colons sont :

1° La consignation (ou l'interdiction de prendre place à côté des autres colons).

2° La réprimande en présence des fonctionnaires de la Colonie et de tous les colons.

3° La privation du vêtement de la Colonie.

4° La privation du grade.

5° La privation de la marque distinctive précédemment obtenue.

6° La réclusion dans une cellule.

Ces peines peuvent être infligées cumulativement, selon la gravité de la faute.

Art. 36. Les colons ne peuvent jamais être frappés.

Art. 37. Aucun genre de travail ne pourra être considéré comme un objet de punition.

Art. 38. Les cellules de punition sont toujours éclairées ; elles sont saines et convenablement ventilées. Les enfants peuvent, du dehors, y être soumis à une surveillance continuelle.

Art. 39. La réclusion dans une cellule ne peut être ordonnée qu'avec l'autorisation de la supérieure ou des directeurs.

Art. 40. Toute révocation, remise, ou commutation de peine, sera annoncée au délinquant par la personne qui aura infligé cette peine.

Art. 41. Les colons détenus en cellule sont visités chaque jour.

Art. 42. Le colon détenu en cellule reçoit, de deux jours l'un, la ration maigre ordinaire, et le pain seulement les autres jours.

Art. 43. Les colons consignés ne peuvent, ni adresser la parole à leurs camarades, même hors le temps du travail, ni prendre part à la récréation.

Art. 44. Les fautes commises par les colons seront, autant que possible, punies immédiatement.

Art. 45. Il est tenu, jour par jour, avec indication des motifs, un registre exact des punitions infligées.

Art. 46. Les paroles grossières et les jurements sont interdits.

Art. 47. Il est défendu de crayonner sur les murs ou sur les portes, de les rayer ou de les salir en aucune façon.

Art. 48. Tout colon est tenu d'obéir sans répondre, et sur-le-champ, à ce qui lui est ordonné par son supérieur ou surveillant, sauf à présenter plus tard ses observations, s'il croit en avoir de fondées.

Art. 49. Les réclamations collectives ne sont jamais accueillies.

Art. 50. Les infractions à la discipline commises par les colons, pourront (en certains cas spécifiés aux réglements d'intérieur) être soumises à un conseil de discipline formé par les colons eux-mêmes.

Titre VI.

TRAVAUX.

Art. 51. Tous les colons, sans distinction, sont employés aux travaux des jardins de la Colonie, de l'étable et de la basse-cour.

Art. 52. Ils sont employés successivement, et à tour de rôle, aux détails de la cuisine et de la buanderie, et aux divers services de l'intérieur de la maison.

Art. 53. Aucun colon ne peut interrompre son travail, ni s'éloigner de l'endroit où il doit se tenir, sans la permission d'un supérieur ou d'un surveillant.

Art. 54. Toute conversation est interdite durant les travaux.

Art. 55. Les travaux extérieurs sont interdits les dimanches et les jours de fête, sauf, dans le cas de nécessité, aux temps de la moisson et des fanaisons.

Titre VII.

MOUVEMENTS DE LA JOURNÉE.

Art. 56. Les divers mouvements des colons pendant la journée sont réglés comme suit :

A 5 heures du matin, le réveil.

De 5 heures à 5 heures 1/2, lever, habillement, prière.

De 5 heures 1/2 à 8 heures, travail dans les jardins.

De 8 heures à 8 heures 3/4, retour, déjeûner, récréation.

De 8 heures 3/4 à 9 heures 1/2, instruction familière par M. l'aumônier, sur la morale et la religion.

De 9 heures 1/2 à 12 heures, travail dans les jardins.

De 12 heures à 1 heure, école.

De 1 heure à 2, goûter, récréation.

De 2 heures à 3 heures, école.

De 3 heures à 6 heures, travail dans les jardins.

De 6 heures à 7 heures, école de chant et instruction familière par l'instituteur.

De 7 heures à 8 heures, souper et récréation.

A 8 heures, prière et coucher.

Du premier octobre au premier avril, le réveil et le lever n'ont lieu qu'à 6 heures. Les directeurs déterminent l'emploi du temps pendant les soirées d'hiver.

Art. 57. Les heures du lever et du coucher, celles des repas, du commencement et de la fin des travaux, sont annoncées au son de la cloche.

Art. 58. L'ablution du matin et du soir consiste à se laver à grande eau les mains et le visage.

Art. 59. Les colons prennent successivement un bain chaud tous les deux mois pendant l'hiver : ils prennent des bains de rivière pendant la belle saison.

Titre VIII.

POLICE.

Art. 60. Chaque soir les clefs de la maison sont déposées chez la supérieure.

Art. 61. Le concierge est particulièrement responsable pour ce qui concerne la police des portes ; il ne laisse entrer ni sortir personne qu'en se conformant aux règlements ; il ne laisse sortir ni paquets ni denrées sans qu'on lui représente un bulletin de la supérieure ou de l'agent chargé des écritures.

Art. 62. Aucun livre ni dessin, imprimé ou manuscrit, ne peut être introduit dans la Colonie sans l'autorisation des directeurs.

Art. 63. Les dortoirs sont éclairés et surveillés pendant la nuit.

Art. 64. Aucun employé de la Colonie ne peut s'absenter sans une permission par écrit des directeurs.

Art. 65. Une boîte est placée dans l'intérieur de la Colonie pour recevoir les lettres écrites par les colons ; ces lettres ne doivent pas être cachetées et ne peuvent être expédiées sans avoir été soumises aux directeurs.

Art. 66. Les directeurs prennent connaissance des lettres adressées aux colons et les leur font remettre, s'il y a lieu.

Art. 67. La circulation de l'argent est interdite dans la Colonie : l'argent qui sera trouvé en la possession d'un colon sera saisi et versé dans le tronc destiné aux offrandes.

Visiteurs.

Art. 68. Aux jours fixés par les réglements, chacun des membres fondateurs ou bienfaiteurs a droit de visiter la Colonie, et de prendre connaissance de l'ordre intérieur qui y règne.

Art. 69. Toutes autres personnes peuvent également visiter la Colonie avec une permission spéciale des directeurs ou de la supérieure.

Art. 70. Les noms de tous les visiteurs sont inscrits sur un registre.

Les visiteurs sont d'abord conduits au parloir, et leurs noms sont présentés à la supérieure qui charge un agent ou serviteur de les accompagner.

Art. 71. Les colons ne doivent jamais adresser la parole à un étranger sans la permission de leurs chefs.

Art. 72. Il est défendu aux employés de donner à qui que ce soit, au dehors, aucun renseignement sur la conduite des colons.

Art. 73. Tout serviteur qui aura reçu une gratification quelconque des visiteurs, sera immédiatement congédié.

Art. 74. Les offrandes faites par les visiteurs sont déposées par eux dans un tronc, dont le contenu est versé dans la caisse de la Colonie.

Art. 75. Chaque visiteur est invité à consigner ses observations sur un registre qui lui est présenté à la sortie de l'établissement.

Titre IX.

EXERCICES RELIGIEUX.

Art. 76. La messe est célébrée les dimanches et fêtes; l'évangile du jour est lu en français et à haute voix; les vêpres sont dites l'après-midi.

Art. 77. Les employés et serviteurs assistent à l'office divin avec les colons.

Art. 78. La direction des offices et l'ordre du sanctuaire appartiennent exclusivement à l'aumônier. La police des autres parties de la chapelle est dans les attributions des directeurs.

Art. 79. Nul autre que l'aumônier ou un ecclésiastique qui aura été autorisé par les directeurs ne pourra, dans la chapelle, adresser de discours aux colons.

Art. 80. La prière du matin sera faite par division dans les dortoirs.

La prière du soir sera faite, soit par division dans les dortoirs, soit en commun dans la chapelle, et dans ce cas, elle sera accompagnée de lectures de piété et de cantiques religieux.

Art. 81. Les prières d'usage se font avant et après les repas.

Art. 82. L'aumônier prépare les colons à leur première communion.

Art. 83. Tous les dimanches et fêtes de l'année, l'aumônier, ou l'instituteur, sous sa surveillance, explique le catéchisme du diocèse aux enfants qui n'ont pas fait leur première communion ; les mêmes jours, l'aumônier réunit ceux qui l'ont faite, et leur développe l'histoire et les preuves de la religion ; il les interroge sur l'objet de son enseignement.

Art. 84. Pendant le temps nécessaire pour disposer les enfants à leur première communion, outre les dimanches et fêtes, le catéchisme est fait trois fois par semaine.

Art. 85. Le casuel provenant de l'exercice du culte est exclusivement attribué à la Colonie, et rentre dans la masse des revenus de cet établissement.

Art. 86. L'aumônier exécutera les fondations, pour services religieux, dont la chapelle de la Colonie pourrait se trouver chargée.

Art. 87. Le réglement de la Colonie, en ce qui concerne les exercices religieux, sera soumis à l'approbation de Monseigneur l'évêque de Chartres.

Titre X.

SERVICE MÉDICAL.

Art. 88. Les colons admis à l'infirmerie quittent leur vêtement ordinaire, et doivent toujours, hors de leurs lits, être vêtus de la capote de l'infirmerie.

Art. 89. Il est assigné aux malades et aux convalescents un préau particulier.

Art. 90. La supérieure et l'aumônier visitent l'infirmerie tous les jours.

Art. 91. Tout colon atteint d'une maladie contagieuse est traité dans une salle à part.

Art. 92. A la fin de l'année, le médecin adresse aux directeurs, pour être transmis au comité supérieur, un rapport sommaire sur les maladies observées par lui dans l'établissement, sur leurs causes et les moyens de les prévenir.

Titre XI.

COMPTABILITÉ.

Art. 93. Les ressources de la Colonie se composent :

1° Des revenus et produits du domaine de Bonneval.

2° Du prix des pensions payées par le département ou par les particuliers pour les enfants admis à la Colonie.

3° De l'abonnement à servir par les hospices, chargés par la loi de la dépense de vêture des enfants.

4° Du produit des subventions accordées par l'État, le département ou les communes.

5° Du produit des souscriptions des membres de la Société.

6° Du produit des quêtes et dons de toute nature.

Art. 94. Le dépositaire des fonds de la Colonie est désigné par M. le Préfet.

Art. 95. Le dépositaire remet les fonds sur mandats de paiement de l'un des directeurs.

Art. 96. Les fonds nécessaires pour payer les dépenses courantes, sont remis tous les mois à la supérieure.

Art. 97. La supérieure fait ou fait faire les achats de denrées et de tout ce qui est nécessaire pour le service journalier ; elle paie les menues dépenses soit comptant, soit une fois par semaine, sur bordereau dont un double est remis aux directeurs. Elle acquitte tous les mois toutes les autres dépenses sur factures quittancées, et après ordonnancement par l'un des directeurs.

Des fonds lui sont remis à cet effet en vertu de mandats délivrés par M. le Préfet, sur le dépositaire des deniers de la Colonie.

Art. 98 *et dernier.* Il est fait écriture sur un registre spécial de toutes les marchandises et fournitures, dont il est fait ou pris livraison à l'établissement.

COLONIE AGRICOLE DE BONNEVAL.

Première liste des Fondateurs et Bienfaiteurs.

Souscriptions payables en 1845 *et* 1846.

Le Roi		600 f.	
La Reine		200	
S. A. R. Madame la Duchesse d'Orléans et Monseigneur le Comte de Paris		200	1,300 fr.
S. A. R. Madame Adélaïde		100	
S. A. R. Monseigneur le Duc de Nemours		100	
S. A. R. Monseigneur le Prince de Joinville		100	
M. le Ministre de l'Instruction publique		4,000 f.	5,000
M. le Ministre de l'Intérieur		1,000	
Le Conseil général d'Eure-et-Loir :			
La jouissance du domaine de Bonneval, *en nature.*			
Subvention pour appropriation des bâtiments et réparation de la couverture		16,797 f.	
Subvention pour l'entretien annuel 1845, environ	4,000 f.		24,797
Subvention pour l'entretien annuel 1846	4,000	8,000	
La ville de Bonneval		1,000 f.	
L'hospice de Bonneval		1,000	
La ville de Chartres		1,000	
La ville de Châteaudun		300	3,900
La compagnie des notaires de l'arrondissement de Chartres		400	
Le comice agricole de l'arrondissement de Chartres		200	
Total			34,997 fr.

Fondateurs.

Madame veuve *Arlault*, d'Affonville, à Chartres. . . . 200 fr.
MM. *Barillon*, membre du Conseil général, à Terminiers. . 200
Bellier de la Chavignerie, vice-président du tribunal civil de Chartres. 200
Bigot, ancien notaire, à Courtalain. 200
Madame veuve *Billard*, née Brochard, à Chartres . . . 200
MM. *Billaut*, juge-suppléant, à Montdidier (Somme). . . 200
Billaut (Pierre), à Bonneval. 200
De Boisvillette, ingénieur en chef des ponts-et-chaussées, à Chartres. 200
Bonnet (Louis), membre du Conseil général, à Chartres. 400
Bonnet (Louis-Jacques), membre du Conseil général, à Soulaires. 200
Abbé *de Borville*, à Chartres. 200
Boucher, membre du Conseil général, à Châteauneuf. 200
Bouvet-Mézières, juge de paix, à Chartres. 200
Boy, notaire, à Chartres. 200
Boyeux, à Chartres. 200
Brault, procureur du Roi, à Châteaudun. 200
De Chabot (Ernest), à Frazé. 200
Chasles père, membre du Conseil général, à Chartres. 300
Chasles fils (Adelphe), député, Maire de Chartres, membre du Conseil général. 400
Madame veuve *Cosse-Touchard*, m^de drapière, à Bonneval . 200
MM. Le marquis *de Cossé*, à Blanville. 200
Coubré-Fonteny, membre du Conseil municipal de Chartres, administrateur des hospices, à Chartres. . 200
Coubré de St-Loup (Charles), à Gourdez. 200
Courtois, juge-suppléant au tribunal civil de Chartres. 200
Crignon de Montigny, ancien député, à Thiville. . . 500
Madame veuve *de Blet*, à Béville 200
MM. *Delaforge*, juge de paix de Châteaudun, membre du Conseil général, à Châteaudun. 300
Delessert (Gabriel), pair de France, ancien Préfet d'Eure-et-Loir. 500

MM. *Demetz*, directeur de la Colonie agricole de Mettray. . 200 fr.
Demonferrand, membre du Conseil général, Maire de Dreux. 200
Baron *Desmousseaux de Givré*, député d'Eure-et-Loir, à Paris. 200
Deville, propriétaire à Spoir, commune de Mignières. 200
Dimier, marchand drapier, à Bonneval. 200
Dreux, chaufournier, à Bonneval. 200
Marquis *de Dreux-Nancré*, à Vérigny. 200
Duchon (François), à Bonneval. 200
Madame *Duchon-Connay*, à Bonneval 200
MM. *Duparc*, notaire, à Chartres. 200
Durand-Claye, membre du Conseil général, à Paris. . 200
Madame veuve *Dutemple de Rougemont*, à Chartres. . . 200
MM. Comte *Dutemple de Rougemont*, à Chartres 200
Estienne de Tansonville, membre du Conseil général, à Illiers. 200
Comte *de Ferraudy*, à Paris. 200
Foiret-Raimbert, membre du Conseil municipal, à Chartres. 200
Fresnaye (Albert), ancien membre du Conseil général, à Illiers. 200
Marquis *de Gasville*, à Meslay-le-Vidame. 200
Genet, membre du Conseil général, à Chartres. . . 200
Genreau, président du tribunal civil, membre de la commission des hospices, à Chartres. 200
Gosme, notaire honoraire, à Chartres. 200
Goupil (Adrien), membre du Conseil général, à Dampierre-sur-Blévy. 200
Goupil (Amable), à Manou. 200
Goupil (Edouard), maître des requêtes au Conseil d'État, à Paris. 200
Goussard, à Lèves. 200
Grangé-Simon, chaufournier, à Bonneval 200
Guillaume de Bassoncourt, secrétaire général de la préfecture d'Eure-et-Loir, à Chartres. 200
Guillon-Blanchet, négociant, à Bonneval. 200
Habert, marchand épicier, à Bonneval. 200

MM. *Hallier*, de Moineaux, commune de Barjouville. . . 200 fr.
Héry, médecin, à Bonneval. 200
Husson-Labiche, négociant, à Chartres. 200
Jannyot, président honoraire du tribunal civil, membre de la commission des hospices, à Chartres. . . 200
Baron *de Jessaint*, Préfet d'Eure-et-Loir, à Chartres. 200
Joliet, juge au tribunal civil de Chartres. 200
Jousse, à Bonneval. 200
Vicomte *de Jouy*, à Jouy. 300
Jumeau, notaire, à Bonneval. 220
Labalte, à Chartres 200
Labiche père, notaire honoraire, à Béville. 200
Labiche fils, membre du Conseil général, à Rambouillet. 200
Launay de Favières, avocat, à Paris. 200
De La Varenne, à Unverre 200
Lefebvre (Sylve), membre du Conseil municipal de Chartres, administrateur des hospices, à Chartres. 200
Lefebvre-Dollemont, juge de paix, à Chartres. . . . 200
Lelasseux, banquier, à Nogent-le-Rotrou. 200
Madame veuve *Lemaire*, à Bonneval 200
MM. *Letartre*, ancien conseiller de préfecture, à Chartres. 200
Comte *de Leusse*, à Montboissier. 200
Liard, notaire, à Illiers. 200
Leroy-Rocipon, marchand épicier, à Bonneval. . . 200
Louvancour, notaire honoraire, membre de la commission des hospices, à Chartres. 300
Madame veuve *Louvancour*, à Chartres 200
MM. Duc *de Luynes*, à Chevreuse. 1,000
Marquis *de Maleyssie*, à Maillebois. 200
Marchand (Pierre-Armand), à Berchères-l'Evêque. . 500
Marescal, à Chartres. 1,000
Maunoury, avocat, à Paris. 200
Maury, juge de paix, à Bonneval. 200
Millon, à Chartres. 200
Marquis *de Montboissier*, à Logron. 300
Montéage-Boy, négociant, à Chartres. 200
Duc *de Montmorency*, pair de France, à Courtalain. . 500
Madame la duchesse *de Montmorency-Laval* 300

MM. *Moreau* (Ferdinand), agent de change, à Paris. . . 200 fr.
Duc *de Noailles*, pair de France, à Maintenon. . . . 500
Comte *d'Oysonville*, ancien capitaine de vaisseau, à Oysonville. 200
Paporet-d'Avelon, Direct. de l'Enregistr., à Chartres. 200
De Pâris, maire, à Saint-Maixme. 200
Peluche, conseiller de Préfecture, à Chartres. . . 200
Pêtey, à Chartres. 200
Petit-d'Ormoy père, à Chartres. 200
Petit-d'Ormoy fils, à Chartres. 200
Prévoteau (Isidore), à Chartres. 200
Raimbault, député, membre du Conseil général, à Châteaudun 200
Raimbert-Beauregard, président du tribunal civil, à Châteaudun. 200
Raimbert-Sévin, membre du Conseil général, à Châteaudun 200
Rémond, administrateur des hospices, membre du Conseil municipal, à Chartres. 400
Baron *Rouillard de Beauval*, à Chartres. 200
Roullier, juge au tribunal civil de Chartres, membre du Conseil général, à Chartres. 200
Roullier (Désiré), à Bonneval. 200
Sanson, membre du Conseil général, à Dreux. . . . 200
Taillandier, juge-suppléant, à Nogent-le-Rotrou. . . 200
Comte *de Tarragon*, membre du Conseil général, à Romilly. 200
Texier (Alexandre), membre du Conseil général, à Chartres. 200
Texier fils (Alexandre), membre du Conseil municipal, et colonel de la garde nationale, à Chartres. . . . 200
Texier (Didier), à Thivars. 200
Vingtain (Albert), à Gourdez. 200
Vingtain (Léon), à Gourdez. 200
Comte *de Wolodkowicz*, receveur général, à Chartres. 200

TOTAL. . . . . . 27,920 fr.

Bienfaiteurs.

MM. *Appay*, chaufournier, à Chartres	100 fr.
Abbé *Bacoup*, curé, à Saint-Evroult.	25
Abbé *Baret*, vicaire de la paroisse Notre-Dame, à Chartres	50
Marquis *Barthélemy*, pair de France, à Douaville . .	40
Bary père, adjoint au maire, à Sainville.	25
Madame veuve *Beaulieu*, à Chartres	100
M. *Belville-Levassor*, lieutenant-colonel de la garde nationale, à Chartres.	40
Madame veuve *Bertin*	10
MM. *Bidault*, receveur des hospices, à Chartres. . . .	30
Blanquet du Chayla, chef de bataillon du génie, à Chartres.	50
Abbé *Bordier*, curé, à Saint-Prest.	10
Boucher (Juste), à Bonneval	40
Boulard, directeur de l'école mutuelle, à Chartres. .	15
Bournisien, notaire, à Chartres.	50
Brinon, ancien notaire, à Gommerville.	50
Brissonnet-Texier, à Courville.	100
Madame veuve *Brossard*, à Bonneval	10
MM. *Brunet*, membre du Conseil d'arrondissement, maire, à Auneau.	100
Bureau, avocat, à Chartres.	40
Busson, procureur du roi, à Chartres.	100
Cadou père, à Chartres.	25
Caillaux, médecin de l'asile d'Aligre, à Lèves. . .	80
Caillaux, médecin, à Bonneval.	50
Castel, membre du Conseil général, à Anet. . . .	100
Chartier-Rousseau, membre du Conseil municipal, à Chartres.	100
Chartier (Louis), marchand de bois, à Bonneval. .	20
Château, marchand drapier, à Bonneval.	100
Madame veuve *Chautard*, à Bonneval	40
MM. *Chevreau*, percepteur, à Bonneval.	20
Clauselle, cultivateur, à Montainville.	40
Madame la vicomtesse *de Clermont-Crèvecœur*, à Chartres.	10

MM. *Clichy*, Maire, à Janville. . . . . 50 fr.

Abbé *Cochin*, vicaire, à Dreux. 20

Collier-Bordier, à Meigneville. 100

Corbière, notaire, à Chartres. 100

Cotelle, avocat aux conseils du Roi, à Paris. . . . 20

Cretté, inspecteur des écoles primaires, à Chartres. . 30

Danloux-Dumesnil, à Paris. 100

Devaureix, avoué, à Chartres. 100

Doublet, marchand de fer, à Bonneval. 50

Mademoiselle *de Dreux Nancré*, à Vérigny. 50

MM. *Dubois du Perray*, à Saint-Piat. 75

Duchesne-Bruneau, à Chartres. 20

Duchesne-Sautton, marchand drapier, à Chartres. . 100

Duchon, pharmacien, à Bonneval. 50

Dumouchet de St-Emand, à Dangeau.. 30

Durand (Auguste), adjoint au Maire de Chartres, membre du Conseil d'arrondissement, à Chartres. . . 100

Comte *de Ferrières*, à Dommerville. 100

Ferron (Louis-Jacques), marchand farinier, à Bonneval. 50

Fessard, négociant, à Chartres. 35

Franchet (Louis-Philippe), à Brou. 20

Friteau, instituteur, à Saint-Prest. 10

Garnier-Séguin, imprimeur-libraire, à Chartres. . . 20

Gasse-Margat, Maire, à Maillebois. 10

Gaucheron, receveur de rentes, à Chartres. . . . 40

Gaucheron père, à Chartres. 40

Gaucheron (Pierre), marchand farinier, à Saint-Prest. 40

Gendron-Beaulieu, receveur de l'enregistrement, à Chartres. 40

Gommier, au Glandin, à Bonneval. 50

Goussu, épicier, à Bonneval. 10

Goussu, huissier, à Paris. 80

Grandet, conseiller à la cour royale, à Paris. . . . 100

Guérinot-Montéage, membre du Conseil municipal, à Chartres. 75

Guillaume, huissier, à Bonneval. 10

Guillaumin, vétérinaire, à Bonneval. 60

Hallegrain, à Chartres. 25

MM. *Hébert*, professeur au collége communal, à Chartres.	20 fr.
Isambert-Lefebvre, marchand drapier, à Chartres . .	100
Isambert ainé, ancien farinier, à Chartres. . . .	100
Isambert (Auguste), ancien avoué, à Paris. . . .	100
Madame veuve *Joliet*, mère, à Nogent-le-Phaye. . . .	160
MM. *Jolly* (Pierre), à Bonneval	50
Josse, chef d'institution, à Chartres	20
Madame veuve *Jousse*, à Chartres.	40
MM. *Lambert*, chirurgien de l'hospice, à Nogent-le-Rotrou.	100
Lefebvre-Jourdan, membre du Conseil municipal, à Chartres.	50
Lejeune, secrétaire de la mairie, à Bonneval. . . .	20
Lejouteux, juge d'instruction, à Châteaudun. . . .	100
Lemoine.	25
Madame veuve *Lenoir*, à Chartres.	20
MM. *Lenoir*, receveur principal des contributions indirectes, à Chartres.	40
Lenoir (Victor), architecte, à Paris.	30
Lequien, rédacteur du *Journal de Chartres*, à Chartres.	20
Leroy père, receveur de l'octroi, à Chartres. . . .	10
Leroy fils, instituteur à la Colonie, à Bonneval. . .	20
Letellier, adjoint au Maire, à Chartres.	100
Abbé *Levassor*, vicaire de la paroisse Saint-Pierre, à Chartres.	25
Levassor-Prévoteau, membre du Conseil municipal, à Chartres.	40
Leveau, percepteur, à Dancy.	40
Magnan, conservateur des hypothèques, à Chartres.	100
Marquis *de Malet*, à Ver.	100
Vicomte *de Maleyssie*, à Maillebois.	150
Marais, économe des hospices de Chartres	15
Marguerite, épicier, à Nogent-le-Roi.	50
Mademoiselle *Marie*, directrice d'école normale primaire, à Chartres.	30
MM. *De Martel*, receveur des domaines, à Brou. . . .	25
Meunier (Paul), à Châteaudun	40
Montéage (Emile), membre du bureau de bienfaisance, à Chartres.	60

MM. *Morin*, à Bonneval.	40 fr.
Morin, avocat, à Nogent-le Rotrou.	30
Noel, ancien maître de poste, à Chartres.	50
Madame *Ollivier de Fontaine*, à Fontaine-la-Guyon. . .	50
MM. Abbé *Ouin*, chanoine honoraire, à La Loupe . . .	40
Abbé *Pellier*, curé, à Bonneval.	25
De Person, juge au tribunal civil, à Chartres. . . .	50
Person, directeur de l'école normale, à Chartres. . .	100
Madame veuve *Pichon*, à Chartres.	20
MM. *Pillet*, sous-inspecteur des écoles primaires, à Chartres.	20
Poulet de l'Isle, inspecteur honoraire de l'Université, à Arrou.	40
Quesnay, ingénieur des ponts-et-chaussées, à Chartres.	100
De Raoul, à Sainville.	25
Ravise, à Bonneval.	20
Mademoiselle *de Reverseaux*, à Chartres	100
MM. Abbé *Ripoche*, chapelain de l'Hôtel-Dieu, à Chartres.	20
Robinet, notaire honoraire, à La Bazoche.	20
Roux, officier de l'Université, à Chartres.	10
Abbé *Sagot*, curé, à Ollé.	10
Saintrone, employé à la recette générale, à Chartres .	10
Salmon, marchand de bois, à Thiron.	25
Sellèque, membre du Conseil municipal, propriétaire-gérant du *Glaneur*, à Chartres.	20
Texier (Auguste), membre du Conseil d'arrondissement, à Courville.	100
Toinart, peintre-vitrier, à Bonneval.	20
Touche, juge de paix, à Cloyes.	50
Abbé *Vaillant*, vicaire, à Bonneval.	25
Vangeon (Roch), vétérinaire, à Chartres.	40
Vellard (Louis), à la Sommière, à Bonneval. . . .	50
Vigneau, receveur de l'asile d'Aligre, à Lèves. . . .	10
Vigneron, vérificateur des poids et mesures, à Chartres.	10
Vintant, à Chartres.	100
TOTAL.	6,410 fr.

Dons divers.

Souscriptions au-dessous de 10 fr.; dons anonymes. .	30 fr.	» c.
Versements dans le tronc de la Colonie	271	70
Quêtes faites en faveur de la Colonie :		
A la distribution des prix de la pension de Bonneval.	58	05
A la noce de M. Ferrond-David	45	»
A la noce de M. Gosme-Duchon	53	»
TOTAL.	457	75
Dons en nature.	*Mémoire.*	

Récapitulation.

Le Roi, la Famille royale, les Ministres	6,300 fr.	» c.
Le Conseil général, et souscriptions collectives . .	28,697	»
Fondateurs.	27,920	»
Bienfaiteurs.	6,410	»
Dons divers.	457	75
Dons en nature (*Mémoire*)	»	»
TOTAL général.	69,784	75

Sur le total des ressources réalisables dans le cours des deux années 1845 et 1846, s'élevant à	69,784 fr.	75 c.
Il a été recouvré en 1845.	41,495	75
RESTE à recouvrer en 1846. . . .	28,289	»

NOTA. La liste qui précède ne comprend que les sommes réalisables en 1845 et 1846. Plusieurs souscripteurs se sont engagés à soutenir l'établissement par des prestations annuelles applicables aux années suivantes. Le montant de ces ressources à venir sera présenté dans un compte ultérieur.

APPENDICE.

L'aperçu de la situation financière de la Colonie a été présenté à l'assemblée générale des souscripteurs le 28 août (Voir ci-dessus, page 6).

Le temps qui s'est écoulé depuis cette époque jusqu'au 31 décembre 1845, a apporté quelques modifications que le tableau suivant fera ressortir.

Recettes ordinaires et extraordinaires des années 1845 *et* 1846.

1° Souscriptions évaluées au 28 août, environ.	36,000 fr.	
— au 31 décembre, environ.		40,000 fr.
2° Subvention du Gouvernement.	4,000	5,000
3° Subvention du département pour travaux des bâtiments	14,997	16,797
4° Subventions du département pour l'entretien annuel, produits de dons et quêtes, recettes diverses. . .	8,000	9,000
Nota. La subvention du département pour 1845 avait été comprise dans le prix des pensions, porté à 7,000 fr. Le calcul des journées de présence des colons, constate que le prix de pension ne sera, pour 1845, que d'environ 3,000 fr., ce qui laisse à imputer sur la subvention une somme de 4,000 fr.		
5° Pensions à payer par le département.	9,600	9,600
Nota. On a déduit ici 4,000 fr., reportés à l'article des subventions.		
6° Vêtures. Abonnement à servir par les hospices	3,630	2,850
Nota. L'évaluation primitive était basée		
A reporter.	76,227	83,247

	1845	1846
Reports.	76,227 fr.	83,247 fr.
sur un abonnement annuel intégral; mais pour l'année 1845, il ne sera dû qu'un prorata proportionnel aux journées de présence des enfants entrés à la Colonie à différentes époques de 1845.		
C'est ce qui motive la différence des évaluations ci-dessus.		
7° Produits du domaine pour les deux années.	3,000	3,000
TOTAUX.	79,227 fr.	86,247 fr.

Dépenses ordinaires et extraordinaires des années 1845 *et* 1846.

1° Dépenses de premier établissement; matériel	20,000 fr.	20,000 fr.
2° Travaux des bâtiments; emploi d'un crédit spécial	14,997	16,797
3° Dépenses annuelles;		
1845. . 11,000 fr. 1846. . 17,000	28,000	
1845. . 10,000 fr. 1846. . 18,000	. . . .	28,000
TOTAUX.	62,997 fr.	64,797 fr.

Balance.

Recette.	79,227	86,247
Dépense	62,997	64,797
Evaluation du reliquat actif au 31 décembre 1846. .	16,230 fr.	21,450 fr.

Chartres. — GARNIER, Imprimeur

www.ingramcontent.com/pod-product-compliance
Ingram Content Group UK Ltd.
Pitfield, Milton Keynes, MK11 3LW, UK
UKHW020355250726
13967UKWH00005B/2292